航天育种简史 少儿彩绘版

种子的奇幻之旅

郭锐 李军 著

陕西新华出版传媒集团
陕西科学技术出版社

图书在版编目（CIP）数据

航天育种简史：种子的奇幻之旅：少儿彩绘版 / 郭锐，李军著．— 西安：陕西科学技术出版社，2017.5（2020.8 重印）
ISBN 978-7-5369-6985-8

Ⅰ．①航… Ⅱ．①郭… ②李… Ⅲ．①航天科技—应用—诱变育种—少儿读物 Ⅳ．①S335.2-39

中国版本图书馆 CIP 数据核字（2017）第 089943 号

航天育种简史（少儿彩绘版）：种子的奇幻之旅
HANGTIAN YUZHONG JIANSHI(SHAOER CAIHUIBAN):ZHONGZI DE QIHUANZHILÜ
郭锐　李军　著

责任编辑　赵文欣　李　栋
封面设计　壹卡通

出版者　陕西新华出版传媒集团　陕西科学技术出版社
西安北大街 131 号　邮编 710003
电话（029）87211894　传真（029）87218236
http://www.snstp.com
发行者　陕西新华出版传媒集团　陕西科学技术出版社
电话（029）87212206　87260001
印　刷　华睿林（天津）印刷有限公司
规　格　787mm×1092mm　20 开本
印　张　4.6
字　数　50 千字
版　次　2017 年 5 月第 1 版
2020 年 8 月第 2 次印刷
书　号　ISBN 978-7-5369-6985-8
定　价　39.80 元

序　言

1970 年 4 月 24 日，“长征一号”运载火箭成功将中国第一颗人造地球卫星——“东方红一号”送入了太空。1987 年 8 月 5 日，我国发射第九颗返回式卫星时，首次搭载作物种子进行航天育种科学实验。2006 年 9 月 9 日，“实践八号”卫星发射升空，这是我国首颗专门用于航天育种研究的返回式科学实验卫星。截至 2016 年，我国已经进行了 28 次航天育种搭载实验，实验超过 5600 批次。30 多年来，我国航天育种事业取得了非凡成就，誉满全球。

探索浩瀚宇宙，发展航天事业，建设航天强国，是我们不懈追求的航天梦。航天事业的持续发展，需要一代代人的接力奋斗。孩子们是祖国的未来，也是我们航天事业的希望。我们航天科技工作者有责任去引领他们走进太空科学，启迪他们的科学梦想，在他们心中播撒航天科技的种子。太空充满迷幻神奇，航天类的少儿科普读物一直深受孩子们的喜爱。这种生动形象的表述，可让孩子们走进航天，了解航天，热爱航天，最后加入

到我们航天事业的队伍中来。

这正是优秀科普读物《航天育种简史》的作者的心愿。作者饱含对孩子们的深切关爱，在原作基础上，针对小读者的阅读特点，精心构思，进行了再创作，于是，这本航天育种简史（少儿彩绘版）《种子的奇幻之旅》就应运而生了。

这本书是为少年儿童量身打造的。全书表达生动有趣，不仅以图文并茂的形式将航天和航天育种的知识传播给小读者，还通过那些航天先驱者们勇于探索的事例让孩子们了解科学求真的精神，是一本不可多得的寓教于乐的科普读物。

希望这本书能让孩子们在少年时代就种下一颗航天梦的种子，也期待这些种子开花结果，有朝一日能促使孩子们成为我国航天事业的栋梁之材！

中国载人航天工程副总设计师

国际宇航科学院院士

陈善广

目录

让我们跟随种子
来一场奇幻之旅吧！
中国航天
NO.1
NO.2
NO.3

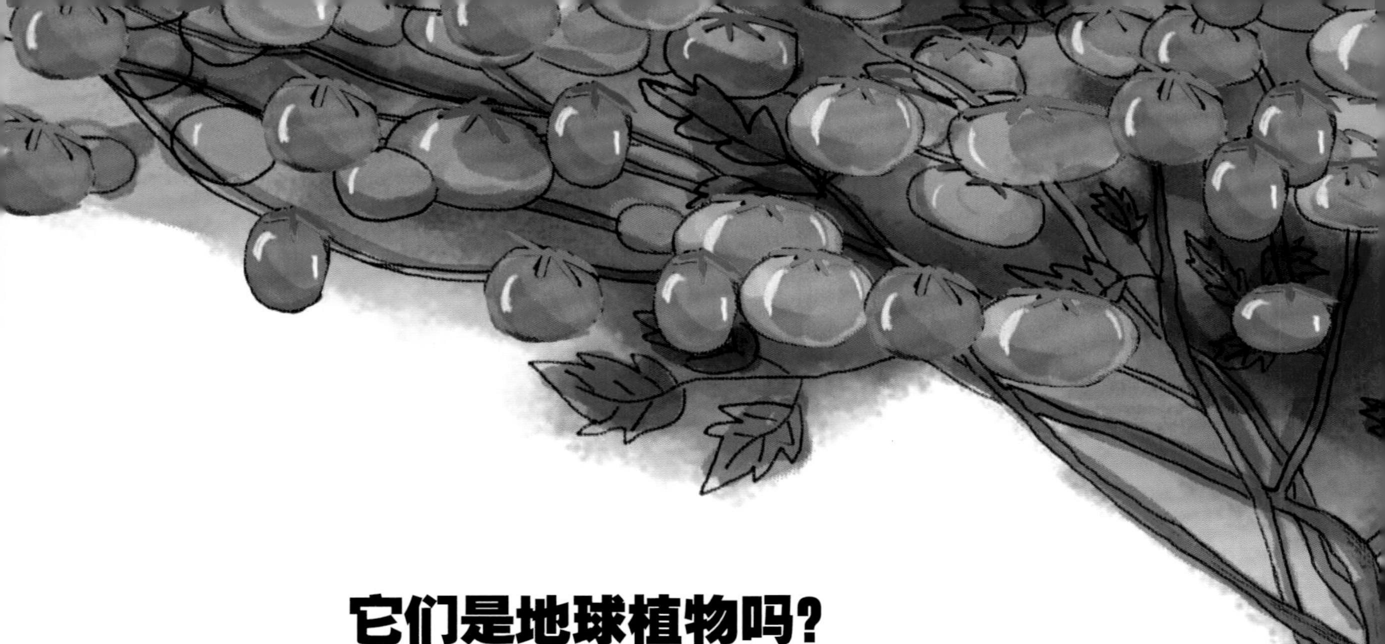

它们是地球植物吗?

在我们的印象中，瓜果蔬菜似乎一直以来都保持着一成不变的样子，事实上，它们在人类的选育过程中一点点地发生着变化，只是人类短短的一生中感觉不到这个变化的过程。

但是，下面的这些植物会让你大吃一惊。

“南瓜霸王”

它长得实在是太快了，比普通南瓜快得多，5天左右就能长到西瓜那么大。不但长得快，而且长得大，成

熟后体重可达200千克，接近3个成年人的体重，两个壮小伙子合力都未必能够抱得起来。

“番茄部落”

在一根长长的番茄主干上，会长出数百条分枝，它们沿着棚架攀爬生长，最长可达20米，枝叶覆盖面积接近半个篮球场大，总共能结1万多颗果实，像不像一个兴旺发达的超级部落？

它们真的是地球上的原生植物吗？

遨游过太空的种子

这些植物的种子，或者说这些植物的“先辈”，全都远赴高天遨游过太空，之后又全都回到地球母亲的怀抱，在航天育种专家的精心抚育下，以非同凡响的劲头和姿态，钻出土壤、长成苗株，傲视群芳、惊艳世人。

太空种子的后代

“南瓜霸王”“番茄部落”怎么和平时看到的蔬果那么不一样？

原来它们都是太空种子的后代。

其实，太空种子的后代不只是番茄和南瓜，还有辣椒、茄子、黄瓜、丝瓜、豆角、向日葵、板蓝根、西瓜、蝴蝶兰、万寿菊、百合……

好奇怪的太空茄子！

太空冬瓜与普通冬瓜，就像爷爷背着小孙子一样！

当这些植物的祖先还是普通种子时，和其他植物种子没有任何区别，但是它们经历过一段奇幻之旅后，有些种子就成了太空种子，那么究竟是什么原因使它们发生了变化?

现在，请跟我来，让我们一同飞向浩瀚无际的宇宙深处，飞向极其遥远的时间起点，去探寻种子的奇幻之旅吧。

从宇宙大爆炸说起

138 亿年前，什么都没有。没有你，没有我，没有恐龙，没有汽车，没有啤酒烤肉，没有花草虫鱼。实际上，根本就没有时间，也没有空间。真的是什么都没有，连“没有”都没有。

宇宙是这样诞生的

突然之间，在一个极小极小、小得几乎不存在的点上，发生了一场极其剧烈的大爆炸。转瞬之间，无穷的能量、物质爆发出来，整个体积急剧膨胀，宇宙就以快得无法想象的速度，急剧扩张到了连“浩瀚”一词都无法形容的程度。就如同一只气球，在远不到一秒钟的超短超短时间里，就膨胀至直径数十亿千米。

宇宙，我们的宇宙，就此诞生了。

伴随着大爆炸，产生了物质，这些物质，就是亿万年间组成无数星系、星球以及后来组成山川、河流、大海、森林、恐龙、鳄鱼、蚊子、老虎、猴子和人类的“原料”。

但是，这个过程非常漫长，用了 138 亿年，宇宙才是我们现在看到的样子。我们地球所在的银河系只是浩瀚宇宙中非常微小的一个角落，而太阳只是银河系里 4000 亿个恒星中的一个。地球上所有沙滩上的沙粒数量的总和都没有宇宙中的星星多！

科学家怎么探测到宇宙大爆炸的？
宇宙大爆炸理论最早是由一个比利时神父于 1927 年提出的，后来，宇宙学家埃德温·哈勃利用新的望远镜技术观测并证实了宇宙的膨胀，而且他测出了星系正在彼此远离的速度。
1965 年，有两个空间研究者在使用他们的射电望远镜搜索宇宙空间中对卫星有威胁的辐射时，收到了奇怪的背景噪音信号，经过对这神秘噪音的检测，证实这噪声有可能就是大爆炸的残余。

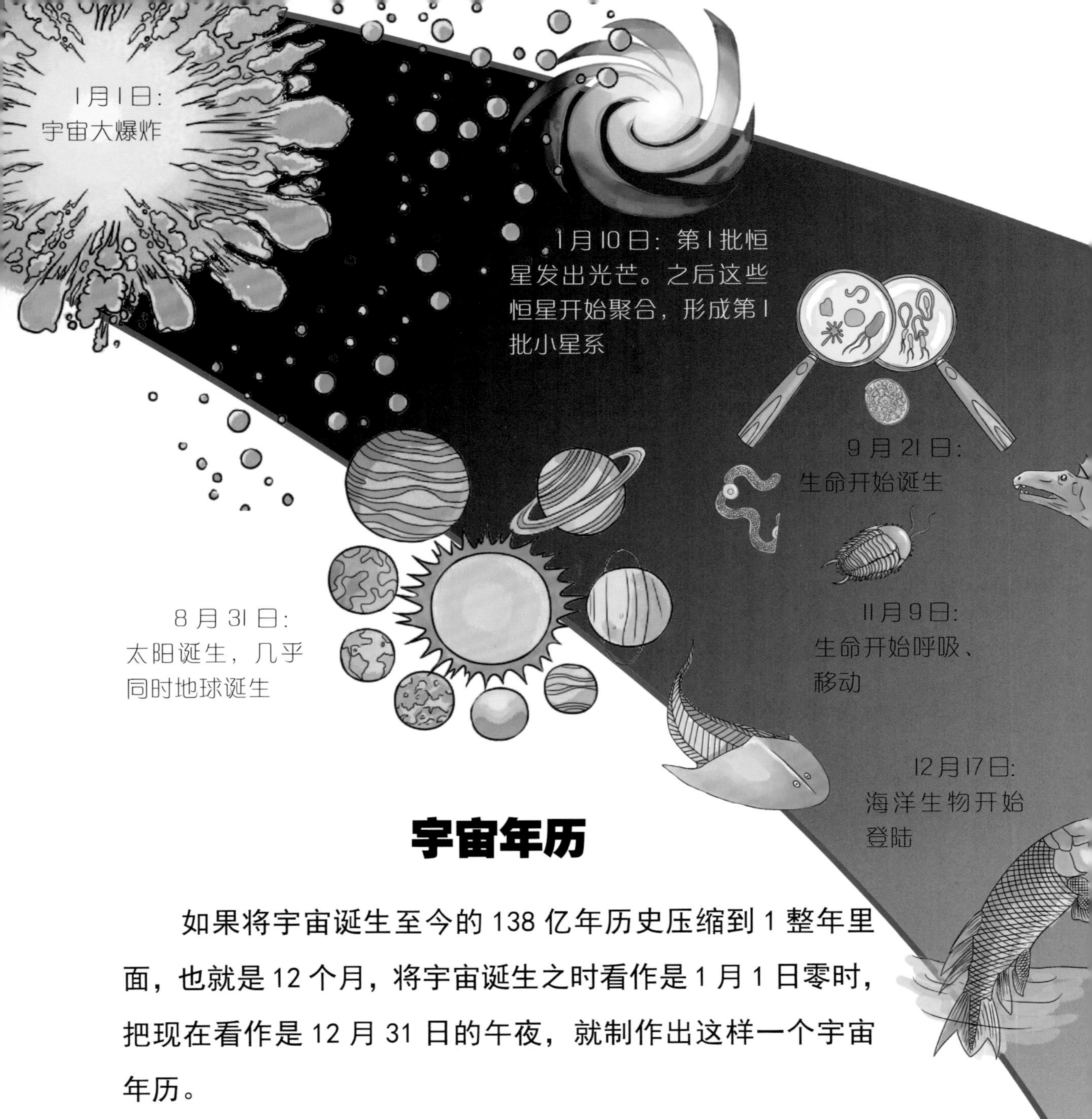

宇宙年历

如果将宇宙诞生至今的138亿年历史压缩到1整年里面，也就是12个月，将宇宙诞生之时看作是1月1日零时，把现在看作是12月31日的午夜，就制作出这样一个宇宙年历。

人类出现在宇宙年历的最后 1 天的最后 1 个小时。

最初的原始人类和动物没有太大的差别，到处打猎，吃着野生的食物，他们慢慢地发展着，直到学会了使用文字，懂得了用文字记录发生的事情。

冥古宙占地球年历的2个月，在这段时间里，渐渐形成了陆地和海洋。

太古宙开始于距今38亿年前，相当于地球年历的3个半月，地球上开始出现生命，主要是一些简单的原核生物。

元古宙开始于距今21亿年前，跨越时间最长，占地球年历的5个月。这段时间生物开始进化得更加复杂了，出现了细胞核，单细胞生物也开始逐渐转变演化为多细胞生物。

显生宙是从5亿4000万年前开始一直到现在，这也是生物真正称霸地球的时期。显生宙时间很短，只占了地球年历的1个半月。

地球年历

如果将地球 46 亿年的历史压缩到 1 年，整个地球历史一共分成了 4 个主要时期，分别是冥古宙、太古宙、元古宙和显生宙。

显生宙以后的生命越来越多、越来越复杂、越来越丰富。

而所有生命的繁衍都要面临生存的问题。

“吃饭”问题来了

地球上的任何生命都是需要吸收能量才能维持的。于是，“吃饭”问题便成为每一种生命从出现那天起就要面临的紧迫问题，尤其是逐渐成为地球主宰的人类。

人类一直都在学习种植

人类从大自然中获取的食物，最基本、最重要的，其实并不是肉类，而是植物。包括植物种子、果实、花卉、根茎、藤蔓、叶子……只要没有毒，只要够得着，只要挖得出，就要去咬一口、尝一下的。毕竟原始人拿着棍棒、石头去捕猎动物，远不如采摘果实来得轻松和安全。所以采集果实、根茎便成为早期人类食物的主要来源。

可是，采集来的食物总是不够吃，当一个地方的食物被吃光后，该怎么办呢？于是，人们就只能搬到下一个地方。

一些原始人无意中发现，很多可食用植物都是可以种植的，于是他们把一部分植物的种子保留下来，等到季节合适时种到土里，等待它发芽、生长，结出更多的果实。

靠天吃饭

原始人逐渐摸索着种庄稼、种果树，时间一长，他们所发现和掌握的、能够种植的植物种类越来越多，种植的经验也越来越丰富。这种靠天吃饭的原始农业，就这么在世界各地不约而同地出现了。

粮食不够吃了

人们的生活稳定了，可以在一个地方定居下来，并且开始了耕作。新问题也随之出现，那就是吃饱喝足之后，人类的繁衍能力也随之大增，食物又不够吃了。另外还有风灾、水灾、雪灾等自然灾害经常跑

来捣乱啊！

有时候，一大片庄稼就要收割了，轰隆一声，雷电引发了大火，庄稼全被烧掉了。

要不呢，就来场连绵不绝的大雨，把庄稼全部都泡在地里，发霉了，吃不成了。

……

而且，不是所有的种子种下去后都能收获，怎么办呢？

新发现，新尝试

眼看一片小麦快要成熟了，哎！刮了一场大风，把小麦全都吹倒了。天灾之后，大片的庄稼被毁了，一年的辛劳白费了，人们又陷入了饥饿境地，怎么办呢？

“原生态育种专家”

“原生态育种专家”们发现，被毁掉的庄稼地里总会有极少量堪称“天生丽质”的“佼佼者”。在成片倒伏的小麦中，却有那么几株，因为个头不高，又很粗壮，所以没有倒下，也没有死去，而是继续傲然挺立，直到成熟。

同样，在一块土豆田里，全村老少齐上阵，准备把已经成熟的土豆挖出来，可是挖开一看，哎呀！怎么都烂了啊？生病了，而且是“传染病”！不过，却有那么一两窝土豆，不但完全对“传染病”的侵袭置之不理，相反，长得又饱满又好看。

“专家”们拦住大伙，不让吃掉这些罕见的超级小麦、超靓土豆，同时精心把它们收集、保存起来。

最早的农艺师——后稷
传说后稷是黄帝的第四代后人，从小就喜欢农艺，小时候总是把野生的麦子、谷子、大豆、高粱以及各种瓜果的种子采集起来，种在地里，他种植、选育的这些五谷、瓜果成熟后，果实又肥又大、又香又甜，比野生的好很多，渐渐地他积累了一些经验。尧听说后，就请后稷做农艺师，教大家农耕。

奇迹发生了

第二年，他们把这些精心保存下来的小麦、土豆作为种子种下去。在所有乡里乡亲们的期盼之下，丰收的季节到了。奇迹发生了，实验成功，新长出的麦子果然特别结实，不怕风吹雨打，果实饱满；而新长出的土豆呢，果然也是不怕传染病侵袭，产量大大增加了！

种子的自然传播

如果没有人类的干预，很多植物种子的传播效率是很低的，它们在自然界中主要是靠风、动物、水等外部因素来传播的。有的种子未必能够落到具备发芽生长条件的“好地盘”上，甚至有的种子会在通过动物消化系统的过程中被破坏掉，这种自然传播方式的危险系数还是很高的。

靠风传播

蒲公英的种子外面长有很多细长细长的毛，成熟后被风一吹，就能像降落伞一样飘到别的地方，落地发芽，这就是靠风传播。

此类植物还有柳树、芦苇等，它们的种子都是依靠风力而传播开来的。

自体传播

带豆荚的豆类，会在成熟时因为豆荚干裂而突然张开，把里面的豆子像炸弹的弹片一样抛到远处，这就是纯粹依靠自身力量的弹射传播。

油菜种子就是通过弹射的方式进行传播的，当果实成熟时，壳会突然爆裂，同时使种子弹射出去达到传播的效果。

另外，栗子是通过果实的滚动以及跳动等方式进行传播的。

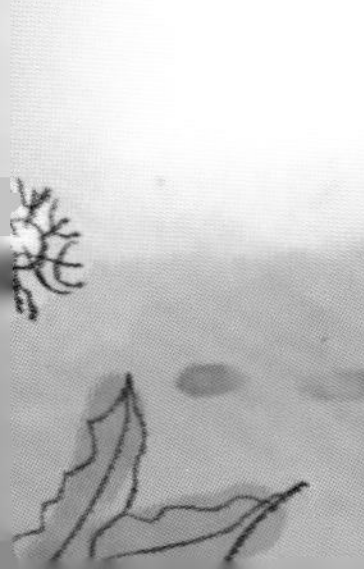

靠动物传播

葡萄、山楂、李子之类的种子，都是包裹在甜美可口的果肉中的，这些水果是猴子啊、鸟儿啊等动物们的最爱，那些没有被消化掉的种子就随动物的粪便排出来传播到四面八方，这就是靠动物传播。

苍耳这种植物你可能已经见过，每当秋天野外郊游归来，它的果实会挂在你的衣裤上，仔细观察它刺毛顶端上的倒钩，是牢牢钩住你的衣裤的，不易脱落，在不知不觉中你已经为它的种子传播尽了义务。当野猪、山羊、野兔等动物走过时，也会挂在这些动物身上，从而轻轻松松来一场不用花钱、说走就走的旅行。这些种子一旦脱落下来，遇到合适的环境就会生根发芽。

车前草一般长在路边，它的种子粘在过路的人或者牲畜、鸟禽等动物的身上，就会被带到很远的地方。

松子是靠松鼠储存过冬粮食时带走的。

这些都是靠动物传播。

靠水传播

包在莲蓬中长大的莲子，成熟后随着莲蓬的衰败、干裂而脱出，落到水面上，被水传送到别的地方去“建立新的根据地”，这就是靠水传播。

大型的植物种子，如椰子的种子也是利用水流传播的，当椰子成熟以后，椰果落到海里随海水漂到远方，幸运的话就会找到一片陆地的岸边发芽、生长。

植物种子的传播方式很多吧！但靠这些传播方式能存活下来的植物种子还是非常少的。

我们的祖先最令人骄傲

人类的种植活动就是在种子自然传播的基础上出现的，一代代“育种专家”一直都在把自然条件下收获的相对好的种子选出来，培育好，然后一代代播种、收获、再播种，让这种优良特性固定下来、传播开来。

并且，这种“原生态育种”方式在我们祖先留下的著作中都有记载。

北魏的贾思勰

贾思勰在《齐民要术·种谷》中记载的粟的优良品种就达86个之多，而且各有各的特点。

宋代的刘蒙

刘蒙在《菊谱》中描写了35个菊花品种，并这样评论：通过不断仔细观察，找出发生了好的变化的品种，进行重点培育，就能形成新的、更多、更好看的品种。

宋代的王观

王观在《扬州芍药谱》中，描写了通过改变土壤、温度、肥料等的植物生长的环境条件，努力促成和加剧芍药变异的发生。

明代的夏之臣

夏之臣在《评亳州牡丹》一书中也提到了种子发生变异的情况，虽然那个时代的夏之臣还不知道基因这回事，但这已是对基因变异现象的初步分析。

明代的袁宏道

袁宏道在《张园看牡丹记》中，描写了一位名叫“张元善”的“花卉育种专家”，每次见到漂亮的牡丹，就带种子回来种植，两年之后才开始发芽，15年后才能开花，时间更久才会有变异发生，这不但记录了选育工作的具体过程，还说出了选育工作需要漫长的时间。

牛人就是点子多

早期的育种专家们主要还是“等”，等着茫茫大田中有优秀植株突然出现，然后才能如获至宝地培育繁殖。显然，这样的工作有点过于被动了。于是就有人变被动为主动，去改变植物的自然环境，看看它们到底会发生什么变化。

可敬的探索者

200 多年前有一个英国人叫托马斯·安德鲁，在他 50 岁的时候被封为爵士了，而他受封的原因并不是因为骑马扛矛去打仗，而是因为在园林园艺和水果蔬菜等植物的生理研究上成就卓著。

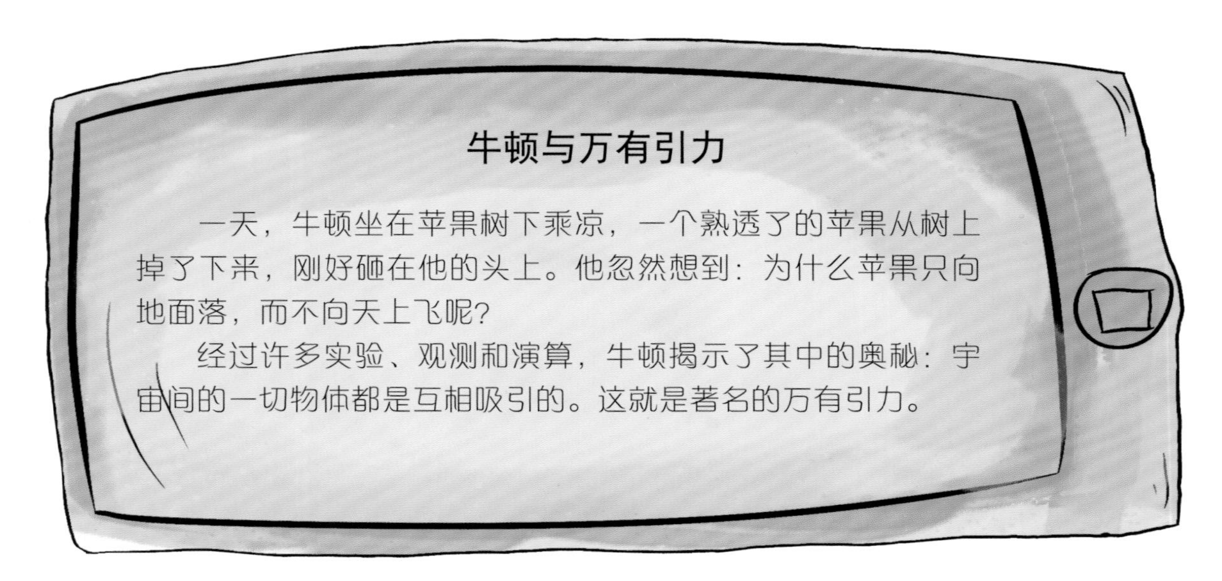

他对植物种子展开的新型研究带有现代科技色彩。当时，牛顿已经发现了万有引力，就是宇宙间所有物体都相互吸引，地球对植物也有吸引力。托马斯先生就想，为什么所有的种子发芽后，都是根须朝下钻、茎叶往上长？难道地球引力对它们的茎叶不起作用吗？或者说，它们的身体内部，有什么“精灵”在搞“反引力魔法”？

托马斯先生很牛，就是牛在这里。为了搞清楚这个问题，托马斯先生把四季豆固定在早期英国到处可见的那种大水车上。

欧洲的大水车

注意！那时欧洲的水车通常都很大，有的高达近 70 米，相当于现在的 25 层楼那么高。托马斯先生把豆子们固定在这么大的水车轮子边缘上，豆子们相对于车轮是不动的，但相对于外部却是不停地转动的，它们一会儿向上、向右，一会儿向下、向左。而且，豆子们还

都随着水车的转动具有了离心力，因而在某段路程上，也就有了那么一点点“失重”的感觉。

不论豆子内部是什么“精灵”在控制豆苗儿朝上生长，而此刻它们被固定在水车上，那肯定是起不了作用了。因为方向是随时在变化的，而地球引力却是始终指向地心的！所以，那些“精灵”们就一定是处于头晕迷糊状态的，不可能再施什么“反引力魔法”了吧。

托马斯先生做了很多次这样的研究，并把研究成果写成了书。

很可惜，这本书没有能够流传下来，据说是被他的学生不慎搞丢了。但是，托马斯先生用水车固定豆子做植物生理实验研究这件事本身却是件十分了不起的事，因为他把那个水车系统变成了一个“模拟微重力的实验场”。

真正的推动力是科技

随着科技的发展，科学家们通过不断地尝试，不约而同地发现，对植物种子生长过程大规模施加影响的“武器”，除了地球引力，还有磁场、辐射、低温、真空等。

那好，让我们再探索一下，如果让植物种子在这些环境下，会发生什么变化呢？

零磁空间实验室

早在1989年，我国在北京就建成第一个国家“零磁空间实验室”。自1999年开始，我国利用零磁空间环境，模拟种子在脱离地球磁场情况下的生物效应研究，先后对大麦、小麦、大豆、玉米、芝麻、花生、油菜、水稻、牧草等作物种子进行了科学实验，取得了大量宝贵的数据资料。

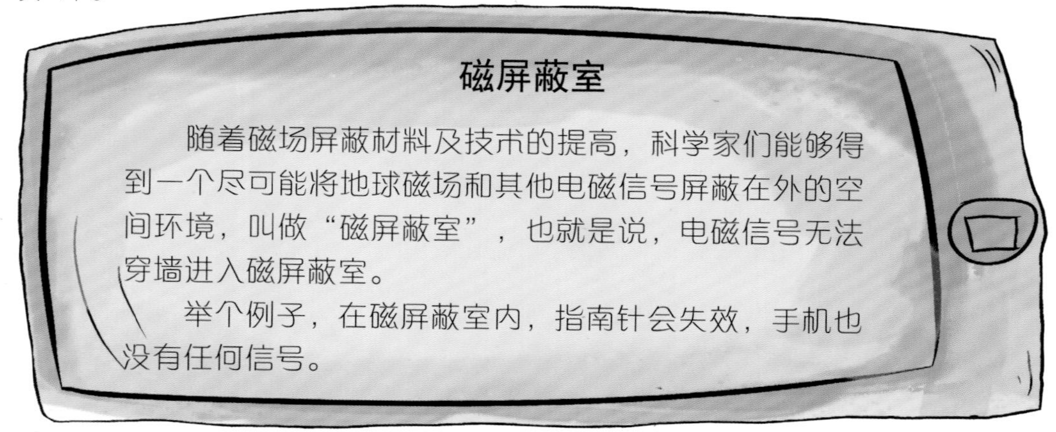

磁屏蔽室

随着磁场屏蔽材料及技术的提高，科学家们能够得到一个尽可能将地球磁场和其他电磁信号屏蔽在外的空间环境，叫做“磁屏蔽室”，也就是说，电磁信号无法穿墙进入磁屏蔽室。

举个例子，在磁屏蔽室内，指南针会失效，手机也没有任何信号。

磁屏蔽室

辐射诱变

中国的科学家，特别是农业科技专家，还利用伽马射线、X 射线、紫外线等去照射、轰击种子，使它们的细胞、基因等发生变化。其中用得较多的是伽马射线，因为这种射线能量高，波长又较短，所以具有很强的穿透能力。

如中国农业科学院作物科学所、湖南省原子能农业应用研究所、

浙江省农业科学院作物与核技术利用研究所等单位的专家，都曾利用伽马射线辐射技术，对多个类别的水稻品种进行了相关实验，成功培育出了一批优质水稻新品种。这些经过培育之后的水稻具有早熟、抗倒伏等优良性状。

人类历史上有记载的使用高空气球进行科学探索的，是18世纪80年代的欧洲人，当时他们主要是进行攀升实验，看能够升多高，同时还想体验一下高空究竟能够“热”到什么程度。

现在我们都知道平均每爬高1000米，温度就会下降大约1.6摄氏度。但在当时的人看来，往天上飞，那不就是朝着太阳飞吗？肯定越高就会越热。

结果呢，那些参与飞行实验的勇敢者，每个人都后悔没有带上皮大衣啊、棉帽子之类的保暖衣服，因为他们吃惊地发现，不对啊！怎么越往上越冷啊！

高空科学气球

由于高空气球的飞行高度令人满意，制造成本又相对较低，并且具有工作准备时间相对较短、使用起来较为灵活等优点，20 世纪 60 年代起，人们就相继开始大规模发展现代意义上的高空气球技术了。

这么简便好用的工具，咱们的农业育种专家们自然不会错过。自 1987 年起，中国的科学家们就开始大规模、成系统地利用高空气球来进行诱变育种探索研究。几十年来，已经先后对水稻、小麦、大麦、玉米、油菜、棉花、谷子等重要农作物的种子和食用菌菌种进行了高空诱变，并且成功地获得了一批优良品种、品系，成为我国农作物“种子库”中的重要补充。

为什么植物种子和菌种会在高空中出现异常变化？而且有些还能够将这些变异遗传给下一代呢？

这是因为，当高空气球携带植物种子升到几十千米以上的高度时，所处环境的大气结构、空气温度和密度、压力、地磁等条件，所经受的宇宙射线、紫外线等的强度，都与地面有着显著的差异，而这样的环境必然会对种子细胞和基因产生某些影响，进而促发变异。而这，正是农业育种专家们所期望出现的。

由此人们产生了将种子送上更高的太空的想法，也就是航天育种的萌芽。

太空就是“超级实验室”

太空，它就在地球的周围，就在我们的头顶上，而且已经存在亿万年了。太空环境与地球表面有着非常不同的环境特点，人类科学家们穷尽智力制作成的微重力实验室和零磁实验室，其实都是在模仿那里的条件和环境；就连出现很多年，至今还在广泛使用的高空科学气球，实际上也是在帮助人类，向着太空，靠近，靠拢……

那里到底有什么秘密？又是什么样的条件让植物的种子发生了如此神奇的变化？

三个重要特点

微重力

不论是宇航员也好，还是被搭载的种子也好，甚至是航天器本身也好，在太空中做绕地高速飞行时，都处于“失重”的状态。

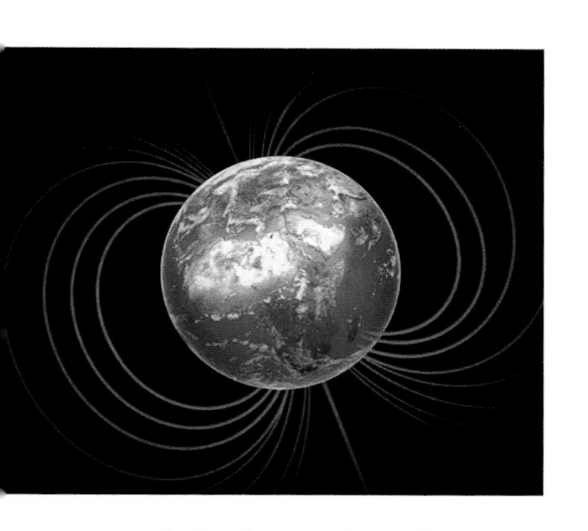

地球磁场形态示意图

弱地磁

地球，就是一个巨大的“磁铁”，吸引着地球上的万物。而宇宙飞船在距离地面数百千米的太空中，与地球的距离越来越远，距离大到一定程度时，这个引力就完全不能发挥作用了，够不着了。就像磁铁对铁钉的引力，如果使铁钉与磁铁的距离变得越来越远，那么离得越远引力就会越小，当距离足够远时磁铁就无法“控制”铁钉了。

强辐射

宇宙中不仅到处都是超新星爆发时所产生的射线，就连给予我们光和热的太阳，也在不停地向外发射着各种高能射线。

如果将微重力和弱地磁比作战场上的天气热不热、风雨大不大、雾霾重不重等环境因素，那么太空中的这些射线，便是宇宙赠送给航天育种专家在战场上使用的“弹药”。它们可以针对每一粒种子、每一个细胞、每一段基因、甚至每一个分子进行精确打击。

三个小特点

除了微重力、弱地磁和强辐射这三个最重要、最明显的特点外，太空还具备其他几个特点。

高真空

搭载着作物种子的航天器所处的环境几乎是真空状态的，那里几乎没有氧气，没有氮气，也没有其他任何气体。

超低温

太空是一个零下270摄氏度的超低温环境。当然，航天育种专家们不可能让种子直接暴露在这么冷的环境中，否则种子会被冻死的，

即使不死，种子内部的各种生命活动也会暂时甚至永久终止，基因诱变工作就会没什么效果。

极洁净

太空是个极其洁净的环境，这里没有植物生长必需的水分、土壤、养料，同样昆虫、细菌在这里也无法生存。

种子其实很坚强

可能有人会问：种子们在那种环境下能存活下来吗？其实你有所不知，种子的生命力其实很顽强。

多数种子虽然在自然状态下依然离不开空气，保持着“轻微呼吸”的状态，但它们也可以被长期隔绝，甚至在完全无氧、无水的状态下，以休眠状态维持生命，有的甚至在种壳外面天生带有一层蜡质，彻底

古莲子

古莲子开出的荷花

双荚决明

封闭种子内部与外界的联系，以防季节不到、条件不佳时贸然出芽而遭遇不测。这些休眠的种子直到有一天外部条件成熟，才会重新复活。

2015 年，北京植物园就将发现于山东济宁、距今 600 年左右的古莲子成功播种，并且培育成功，还开出了漂亮的荷花。

1967 年，科学家在北美的深层冻土中发现了 20 多粒大约 1 万年以前的北极羽扁豆种子。经播种实验，有 6 粒种子顺利发芽并长成植株。

还有双荚决明，它的种子能够存活将近 2000 年之久。

生命力如此强大的植物种子，可以在极

端封闭条件下休眠上千年都不会死亡，在太空环境中也同样坚强。

“综合加工厂”

在短时间内让种子细胞和基因发生变异，需要同时具备微重力、弱地磁、强辐射、高真空、超低温、极洁净等极端条件，那就需要像“综合加工厂”那样的“超级实验室”，而这样的“超级实验室”一直都在，那就是太空。

正常情况下，种子们在太空乘坐航天器做绕地飞行期间，受到各种宇宙空间因素的影响，它们身体内部一定会有变化的，这也是科学家们把它们送上天的目的。

就让我们向太空出发吧！

人们的飞天梦

人类对太空一直都很好奇，而且从未放弃过“飞天”的梦想。但是，只有当科技发展到足够水平时，人类才开始真正离开地面、进入太空。在此之前，人类一直都在尝试离开地面，飞向天空。

载人航天始祖

600 多年前，中国明朝有一位被封为“万户”的功臣——陶成道，这是一位不爱官位、偏爱科学的探索者。在他晚年时，曾把 47 个自制的火箭绑在椅子上，自己坐在上面，双手又各举一个大风筝，然后叫仆人点燃火箭，试图利用火箭的推力实现“上天”的愿望。

围观的人都表示这简直太疯狂了！果然，火箭爆炸了……可想而知，万户的飞天梦没有实现，但是万户却是地球上第一位利用火箭向天空进发的英雄。他的努力虽然失败了，还为此丧了命，但他借助火箭推力升空并打算平安返回的创想，却是全世界的“第一次”。因此，他被全球各国公认为“真正的载人航天始祖”。

以万户命名的月球上的环形山

为了永远纪念这位世界上第一位利用火箭实现飞天梦的英雄，20世纪70年代，国际天文学联合会将月球上的一座环形山，正式命名为“万户”。

美国“哥伦比亚号”航天飞机上牺牲的7名宇航员

美国“挑战者号”航天飞机上牺牲的7名宇航员

总有勇者前仆后继

600多年过去了，人类向太空进发的步伐一直都没有停歇，而且随着最近几十年来科技的发展，这种步伐越来越快。先后又有各地区的许多宇航员、地面科学家及工作人员，像万户陶成道那样，壮烈牺牲在人类征服浩瀚太空的征程中。苏联某次火箭爆炸事故中，一次就牺牲了100多人；美国的“挑战者号”和“哥伦比亚号”航天飞机先后失事，仅这两次就牺牲宇航员14人……

“龙门之跃”

最近几十年来，人类逐步实现了从“航空”到“航天”的“龙门之跃”。

人类已经去了几趟月球，人类的“飞天”之梦已经成为现实。这一步已经迈出，包括人造卫星、返回式飞船、往返式航天飞机……这些技术都已经非常成熟。

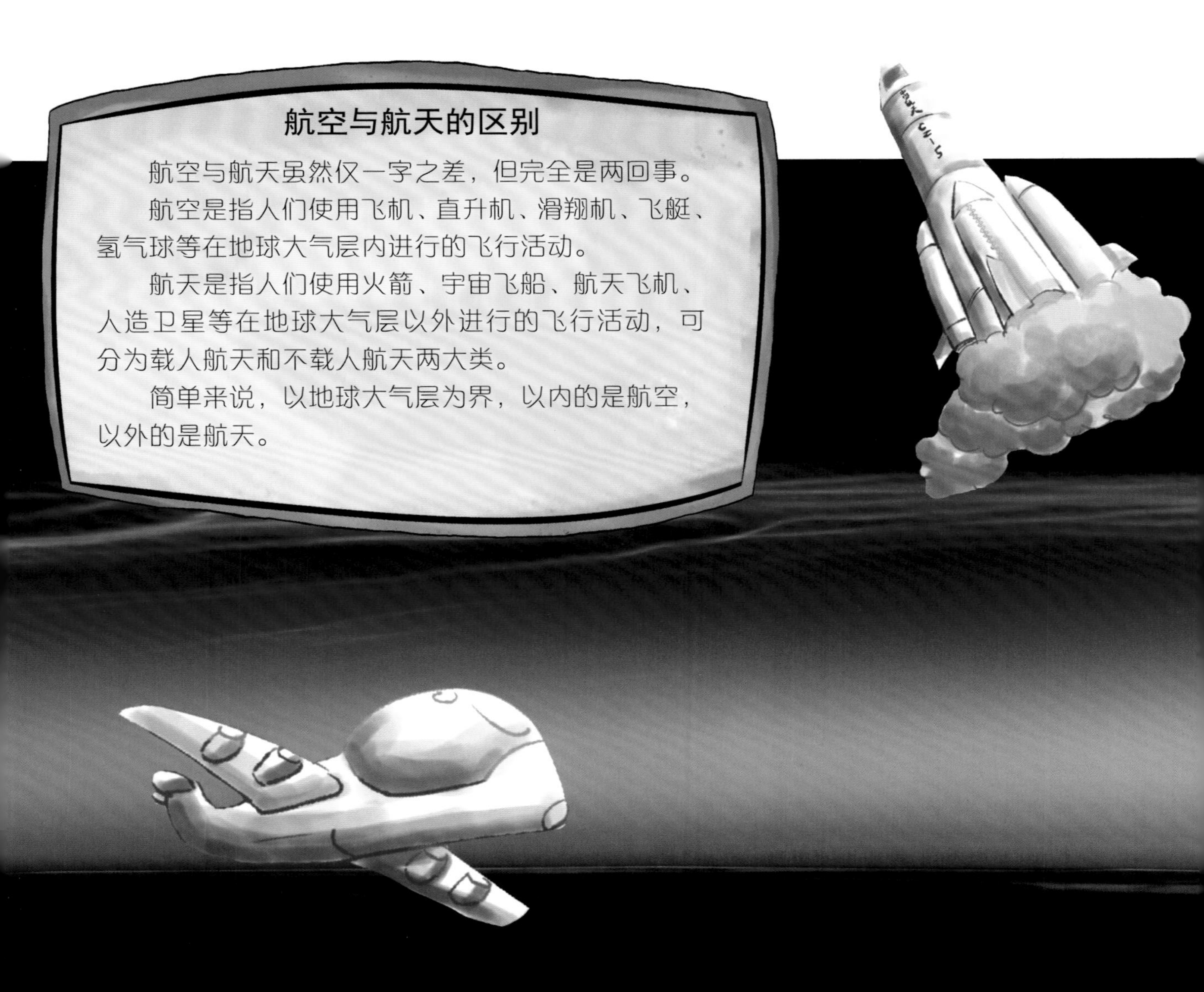

航空与航天的区别

航空与航天虽然仅一字之差，但完全是两回事。

航空是指人们使用飞机、直升机、滑翔机、飞艇、氢气球等在地球大气层内进行的飞行活动。

航天是指人们使用火箭、宇宙飞船、航天飞机、人造卫星等在地球大气层以外进行的飞行活动，可分为载人航天和不载人航天两大类。

简单来说，以地球大气层为界，以内的是航空，以外的是航天。

向太空进发

随着航天科技的进步，人类终于实现了飞向太空的梦想，从发射人造地球卫星到载人航天，人类向着太空奔去。

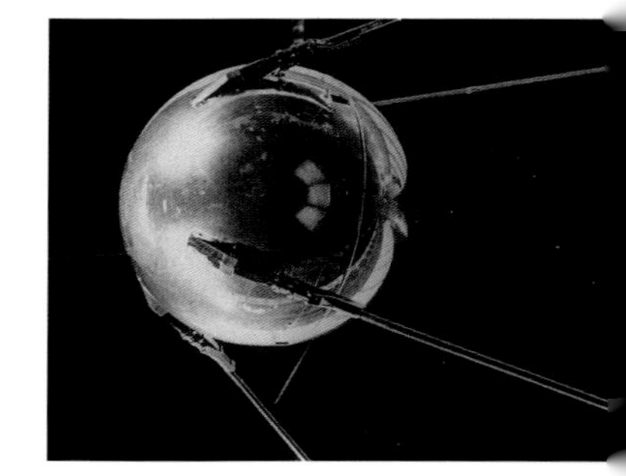

1957 年 10 月 4 日

1957 年 10 月 4 日，是人类历史上一个划时代的日子。就在这一天，苏联成功发射了世界上第一颗人造地球卫星“斯普特尼克 1 号”。

1958 年 1 月 31 日

1958 年 1 月 31 日，美国第一颗人造地球卫星“探险者 1 号”成功发射上天。

1961 年 4 月 12 日

1961 年 4 月 12 日，苏联再次震惊世界，宇航员尤里·加加林少校乘坐世界上第一艘载人飞船“东方 1 号”，成功进入茫茫太空，用 108 分钟绕地球飞行一圈后安全返回地面。

……

1970年4月24日

1970年4月24日，中国第一颗人造地球卫星“东方红一号”被成功送入太空。

2003年10月15日

2003年10月15日，38岁的航天员杨利伟乘坐“神舟五号”载人飞船成功飞入太空，绕地飞行14圈，经过21小时23分、60万千米的安全飞行后，顺利返回地面，成为浩瀚太空中第一位来自中国的探索者。

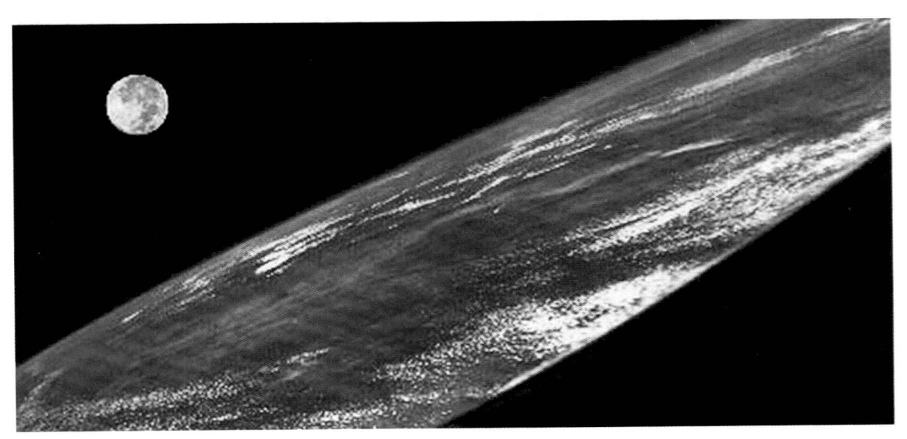

杨利伟在太空中拍摄的地月美景

中国从第一颗人造卫星发射上天，到第一位航天员进入太空，只用了33年。

地球生物太空之旅

太空其实并不是一个友好的安全环境，实际上是充满杀机的，似乎是完全不欢迎人类的到来。所以在宇航员飞向太空之前，科学家们做了很多次实验，他们将动物们送上了太空。

真正的“先驱”是小狗

第一次乘坐航天器进入太空的地球生物肯定不是宇航员，而是动物。具体讲，是苏联的一只雌性小狗，名叫莱卡，它称得上是一位响当当的“航天英雄”。

1957年11月3日，苏联发射了第二颗人造卫星。与之前不同的是，这次卫星上不只装有电池、发报机等设备，还搭乘了一个鲜活的地球生物，这就是3岁的小狗莱卡，并且有一部摄像机全程拍摄。

可惜的是，小狗莱卡没能活着回到地面。但是莱卡的牺牲是无价的，摄像机记录下来的情况证明了哺乳动物能够承受火箭发射后一段时间内的严酷环境，如果完善保障系统，那人类宇航员也就一定能够熬过发射期间的严酷考验，顺利飞入太空。通过不断地改进，在莱卡牺牲之后的第4年，宇航员尤里·加加林成功飞天，一举成名。

当然，人类也没有忘记这位小英雄。莱卡牺牲的当年，苏联就为它发行了纪念邮票。后来还在莫斯科建了一座纪念碑。

莱卡上天这件事不仅意义重大，而且标志着航天科技的一个重要分支，即“航天生物学”的正式开端，随后又发展出“空间生命科学”这个全新学科。

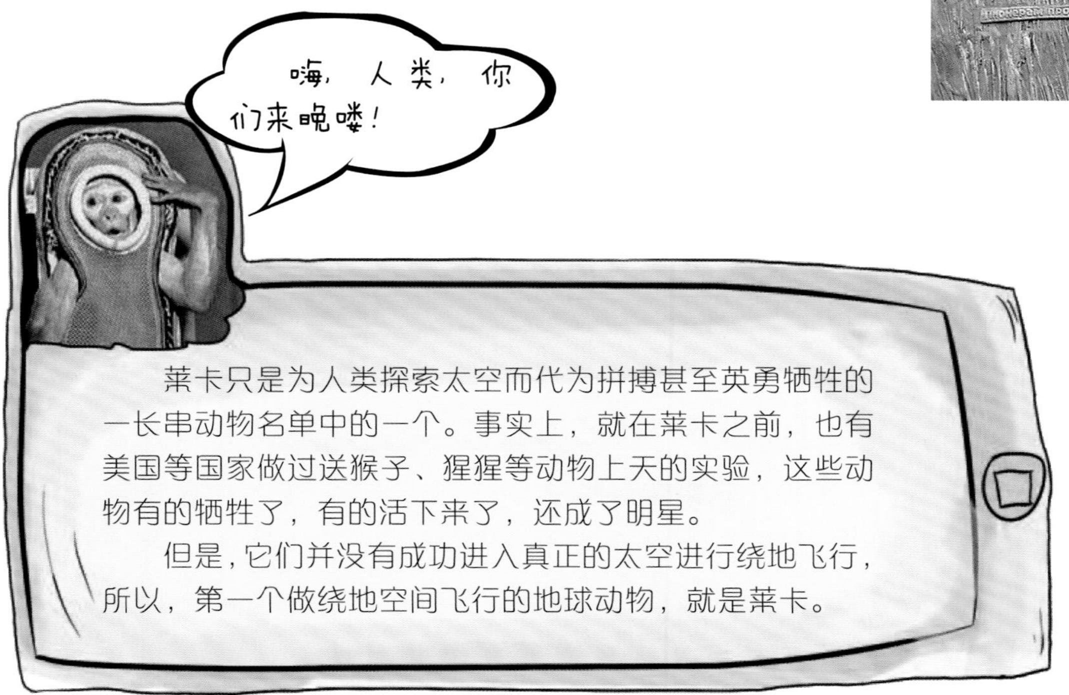

莱卡只是为人类探索太空而代为拼搏甚至英勇牺牲的一长串动物名单中的一个。事实上，就在莱卡之前，也有美国等国家做过送猴子、猩猩等动物上天的实验，这些动物有的牺牲了，有的活下来了，还成了明星。

但是，它们并没有成功进入真正的太空进行绕地飞行，所以，第一个做绕地空间飞行的地球动物，就是莱卡。

空间生命科学

1966 至 1970 年，美国先后发射了 3 颗专用生物卫星，用于开展空间生命科学研究。被送到太空用作实验的地球生物，既有短尾猴这样的哺乳动物，又有面粉甲虫这样的昆虫；既有阿米巴菌，又有蛙卵……

1991 年 6 月 5 日，美国“哥伦比亚号”航天飞机上天时居然携带了 29 只老鼠，还有 2478 只水母，进行了大规模的微重力条件下的生物生长实验。

1992 年 1 月 22 日，美国航天飞机上天时，携带了 3200 万个小鼠胚胎骨细胞、30 亿个酵母细胞及一大堆果蝇、细菌、黏霉菌、青蛙卵、仓鼠肾细胞、人体血细胞，还有 7200 万条蛔虫！后来，美国人还在太空中孵化出了蝌蚪、鳉鱼苗、水螈苗等很多奇奇怪怪的动物呢！

植物的飞天史

随着航天技术的迅猛发展，人类探索太空已经不再是梦想了，我们的育种专家们不会放过这么好的实验机会，他们要将种子放在这个梦寐以求的最佳实验室。于是这些植物种子甚至是植物本身伴随着宇航员们的身影，开始了往返于天地之间的太空之旅。

第一颗专用生物卫星

美国自1966年发射第一颗专用生物卫星开始，就在上面搭载有植物和植物种子了。后来，又利用其他系列飞船、航天飞机等航天器，搭载了燕麦、小麦、扁豆、松树等植物的种子、幼苗，进行研究实验。

“宇宙368号”生物卫星

苏联自1970年发射“宇宙368号”生物卫星起，也开始搭载各种植物和植物种子，甚至连烟草种子都送到太空去研究了一下。

“和平号”空间站

由苏联于1976年2月17日开始建造，于2001年3月23日寿命终结、坠毁于南太平洋的“和平号”空间站，在其历时15年的太空绕地飞行过程中，“和平号”空间站上进行了大量的空间生命科学实验，而且动植物种类也不少，比如小狗、酵母菌、大肠杆菌、苍蝇、果蝇、甲虫、田鼠、乌龟、大白兔、恒河猴、淡水鱼、蝾螈、水藻等。

令人称奇的是，宇航员们竟然在“和平号”空间站上建立了一间名为“拉达”、面积为900平方厘米的小型温室，虽然面积不大，但依然种植了100多种植物，完成了播种、发芽、生长、开花、结果的全过程，而且还如愿以偿地收获了粮食作物的代表——小麦，还有经济作物的代表——油菜！

第九颗返回式卫星

1987年8月5日，我国成功发射了第九颗返回式卫星。与众不同的是，这颗卫星除完成既定的科研任务外，还破例搭载了辣椒、小麦、水稻等作物的种子。

“太空农场”

为了探索和解决宇航员及未来地球星际移民在太空中长期生存和生活的需要，航天员开始了“太空农场”行动。

具有纪念意义的一口

国际空间站中的宇航员们自2014年5月开始种植蔬菜工作。第二年的8月，他们笑眯眯地又略带紧张地张开嘴，咬出了人类历史上具有纪念意义的一口——首次品尝了在太空种植出来的生菜！

1969年7月16日，美国宇航员尼尔·阿姆斯特朗登上月球，他伸出左脚，小心翼翼地踏上了月球表面，这是人类第一次踏上月球。当时，阿姆斯特朗感慨万分地说了一句著名的话："这是我个人的一小步，却是人类的一大步。"

现在，我们可以把这句经典的话，套用在国际空间站上那些第一次在太空中吃自种生菜的宇航员身上了，他完全有资格说："这是我个人的一小口，但却是人类的一大口。"不过，这些新鲜的生菜叶子虽然很好吃，宇航员们一尝就说"味道好极了"，但他们可没舍得把这些好不容易才种植成功的生菜全部吃掉，而是留下一半，冰冻起来，返回地球后供地面科学家再做进一步的深入研究。

为何不直接在太空舱种植

所谓的“太空农场”只不过是一种小规模的实验，如果在航天器里进行大面积种植，现在还无法实现。因为看似高大的航天飞船，其实它的太空舱空间却很小，而且，这些航天器还担负着其他任务，空间有限，因此不能在空间实验室大量种植。

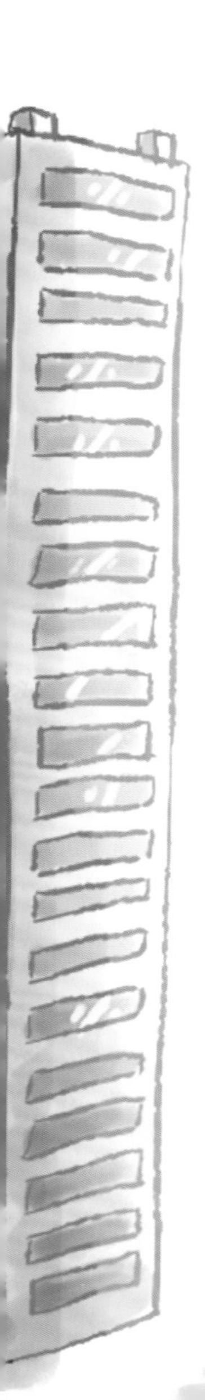

“天宫一号”

“天宫一号”是中国第一个目标飞行器和空间实验室，于2011年9月29日21时16分3秒在酒泉卫星发射中心发射，整个火箭高52米，相当于十七八层楼的高度，但是真正能够到达目的地的太空舱才15立方米，也就是我们家里的一个卫生间那么大。

21时 28 分

“天宫一号”太阳能电池帆板展开

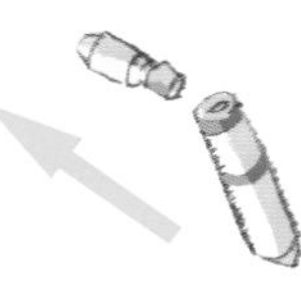

21时 26 分

“天宫一号”与火箭成功分离

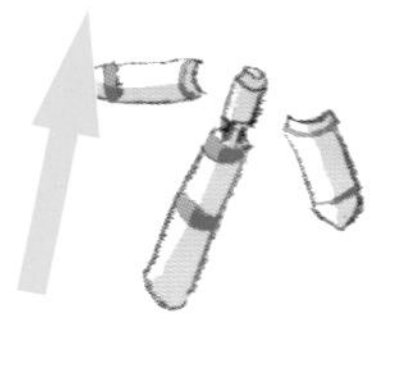

21时 20 分

整流罩分离

21时 36 分

入轨运行

21时 19 分

一、二级（火箭）分离

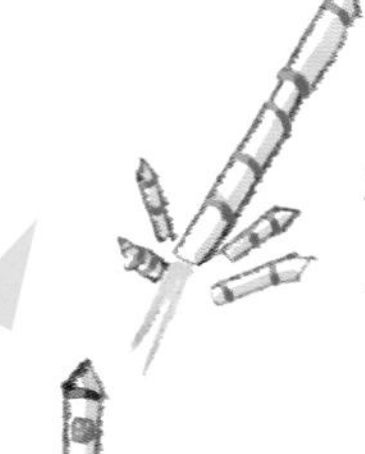

21时 18 分

助推器分离

21时 16 分 03 秒

发射

带种子上天试试吧

中国是世界上首屈一指的人口大国、农业大国，可耕地面积原本就不多。中国的人口呢，却又是世界上最多的，这就导致人均耕地面积更少了。解决人多地少、粮食危机的方法之一就是增加粮食产量。科学家们就让种子们上天试试，让它们发生变化，再通过筛选、培育，让它们产量更高、生命力更顽强。

种子的“免费旅行”

科学家们最初也不完全是从“选育优种”的角度去进行的，而是想看看空间环境对这些“试乘”的种子是否有影响，会有什么样的影响。

那么就让种子们来一次免费的太空之旅吧！

科学家们拿到返回地球的种子，并进行了一系列新的科学实验后，惊喜地发现，上过天的种子中，果然有一些发生了意外的基因变异。更关键的是，其中有些变异，正是人类一直期盼的。

从“试乘”到“专车”

2006 年 9 月，“实践八号”育种卫星在酒泉卫星发射中心成功发射。这是我国第一颗专门用于航天育种的卫星，上面装载了粮、棉、油、蔬菜、林果、花卉等 9 大类共 2000 余份、约 215 千克的农作物种子和菌种，在太空顺利运行 15 天后，成功返回地面。这次的搭载种类和数量，是我国自 1987 年首次实现“种子太空之旅”之后规模最大的一次。

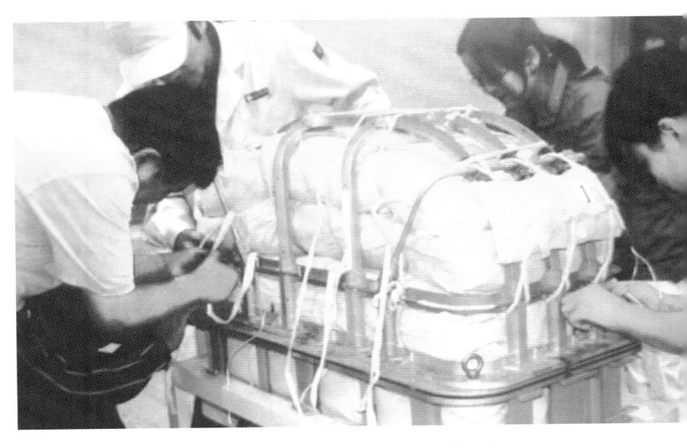

工作人员将要装入“实践八号”的种子进行打包

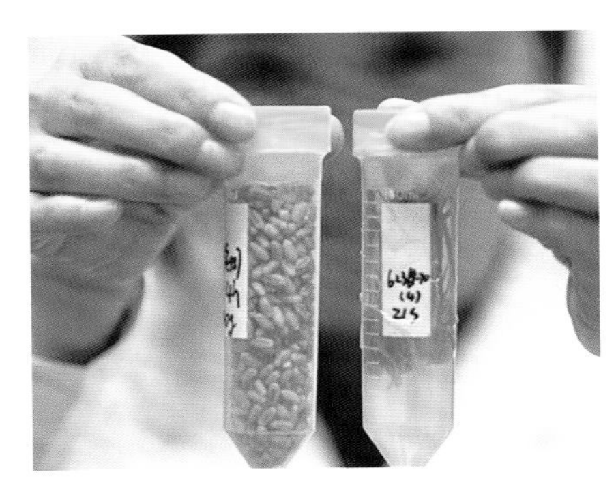

“实践八号”搭载的部分种子

还是专车舒服！

是呀！可以随便打滚了！

开采“种子金矿”

航天育种就相当于开采金矿，航天器搭载种子上天，就等于是将一批批种子变成一座座金矿山。当第一步选种和第二步太空诱变结束后，“金矿山”就形成了，等这些种子回到地面，才是艰苦而又漫长的地面育种，经过育种专家艰辛的“提炼”过程，才能得到宝贵的“黄金种子”。

第一步——地面选种

首先，科学家把最好的种子挑选出来，经过千辛万苦的寻找、对比、筛选，把那些真正能够代表同类植物的最先进、最优秀、最强大的一批种子找出来。这就好比要组织一队运动员去参加比赛，总得把体能最好、体质最强、训练最多的运动员选出来吧！

第二步——太空诱变

接下来就是把种子送上太空，利用太空特有的环境条件，接受宇宙射线的“猛烈轰击”，让它产生基因改变，这就是太空诱变。

第三步——地面育种

最后，种子们安全返回地面，回到了育种专家们的手中，这些种子在太空巡游的过程中，究竟有没有受到足量的射线照射，有没有发生变异、发生了何种变异，谁都不知道。想要找到真正的“黄金种子”，办法只有一个，就是把种子播种到土壤里，让它们发芽、生长、开花、结果。然后在第一代种子中再选出更好的进行第二轮播种……接着是第四代甚至第五代，往往一晃就是四五年过去了，直到找到成熟稳定的新品种。

第一代

那些令人称赞的“番茄部落”“南瓜霸王”，以及目前遍布全国各地的数不胜数的太空种子、太空植物、太空农田、太空花园，都是这么从地面到太空、从太空回到地面，一步又一步、一年又一年地种植选育并扩张发展而成的！

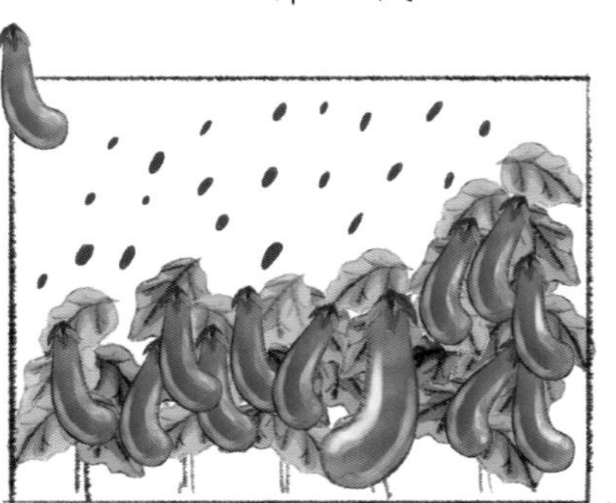
第二代

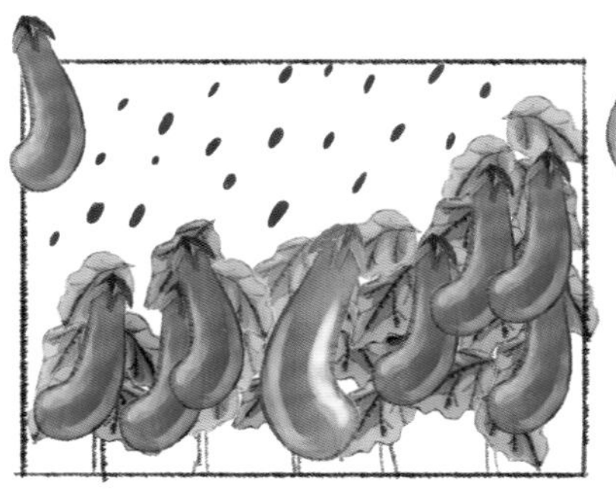
第三代

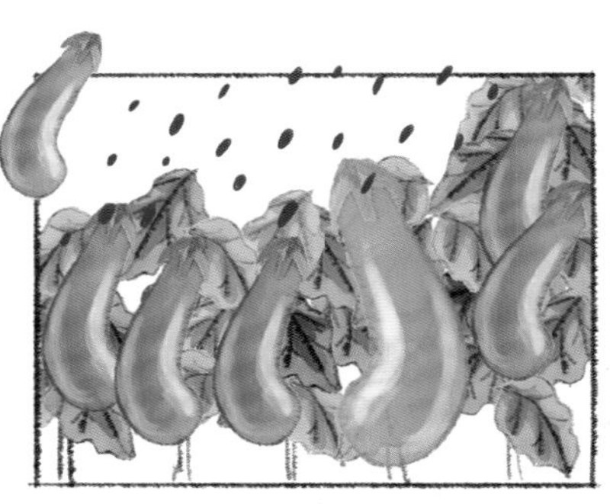
第四代

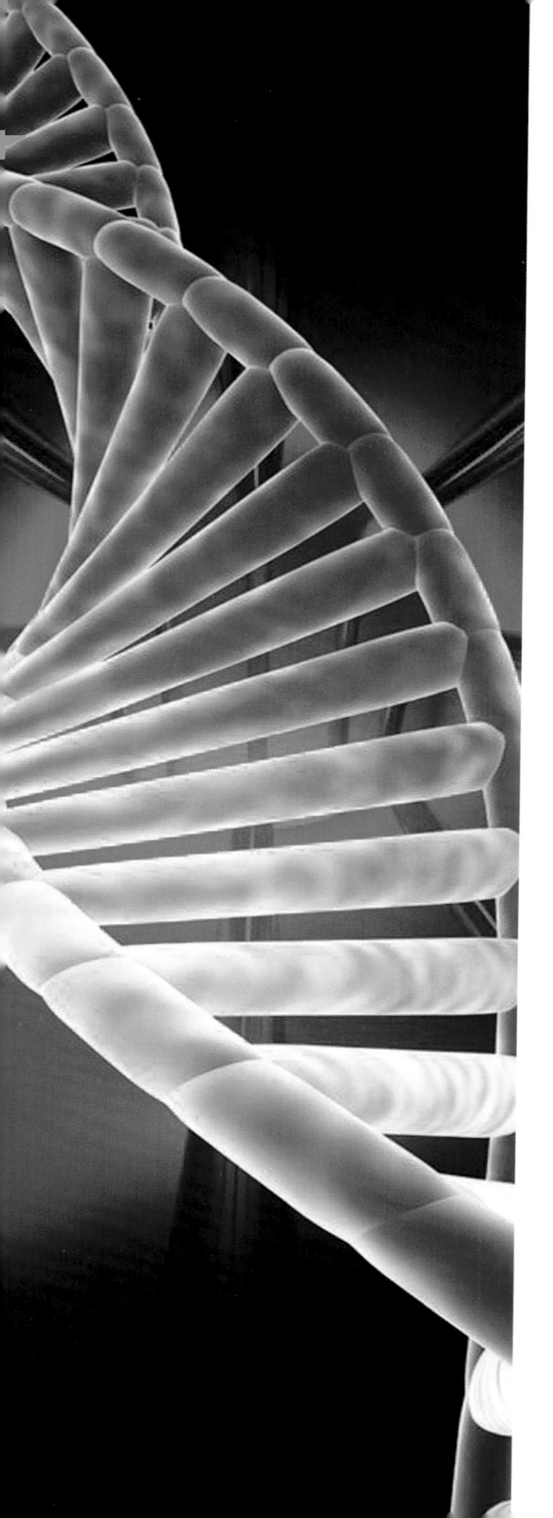

不得不讲的基因变异

经历过太空遨游，有些种子发生了基因变异，这也是航天育种的关键一步——太空诱变。当这些种子返回地面后，经过选育，不仅明显更加强健，产量也比原来普遍增长，而且品质大为提高，抗病虫害的能力变强。

那种子的基因变异又是怎么一回事呢？

认识基因

DNA是一种生物大分子，它是个很长的双螺旋阶梯状的家伙，一个DNA上有成千上万个基因，每个基因就是一个片段，能够记录和传递遗传信息。

基因的特征之一就是能够完整复制自己，把生命性状原样“抄袭”给下一代，这就是基因的遗传。

但基因也还有一个特征，就是在一定的条件下会发生突变，也就是基因变异。

基因变异

在一定条件的刺激下基因会发生改变，突然出现了一个新基因，代替了原有基因，这个基因叫做变异基因。发生基因变异的种子的后代也就会出现其“祖先”从未有过的新性状。

所有基因变异都会带来惊喜吗

基因变异是基因在复制过程中发生的错误，有些基因变异会导致种子不再“墨守成规”，而是“背叛老祖宗”。

但是，基因变异并不只是朝人类认为的“好”的方向变化。

事实上，送入太空的一种种子，每1000粒里面，最多只有5粒会发生变异，甚至更少。但是，这么低的变异概率，已经远远超过只有二十万分之一的“自然变异”的水平了。

转基因是另外一码事

估计有人要问了：“这些种子在太空中发生了基因变异，那是不是转基因呢？”

太空种子确实发生了基因变异，但这种变异不是转基因。转基因是在某种基因中引入外来基因。而太空种子所发生的基因变异，却完全是在某个种子的内部完成的。

杂交、嫁接、转基因和育种的区别

杂交属于基因重组，不是转基因。杂交在日常生活中比较常见，植物杂交有大家熟悉的杂交水稻。动物杂交大家也并不陌生，比如不同品种的狗进行杂交。最经典的动物杂交“案例”当属马和驴的杂交，产生了骡子这个新物种。

马　　驴　　骡子

嫁接就是把两株植物的枝干各自切开并紧紧捆绑在一起，让它们的“伤口”愈合，最终长成一个整体。中国人在很早以前就已经掌握了嫁接技术，2000多年前中国的第一部农书——《氾胜之书》就对嫁接有了记载。嫁接和基因无关，因此，嫁接不是转基因。

转基因是运用科学手段，把从生物甲中提取出来的所需要的基因，导入另一种生物乙中，使生物甲的基因在生物乙体内“安家落户”，从而产生特定的具有优良遗传性状的物质。

育种只是在“变基因”，而不是在“转基因”，小麦依然是小麦，只不过变得产量更高，或者更抗倒伏；青椒依然是青椒，只不过变得个头更大，口感更佳。

太空环境加速种子“变基因”

在地球表面这种相对稳定的环境中，植物种子内部的基因突变概率低、速度慢。

现在，人们把植物种子放到宇宙飞船里，上太空走一圈儿，回来一种，哎哟！怎么长得比以前大多了！

原来，植物种子在宇宙的特殊环境中基因变异的概率大、速度快，再加上育种专家们经过常年筛选，把那些好的变异保留下来，这样，我们就得到安全、优质的太空种子了。

宇宙射线会不会污染种子

估计又有人要问了:“太空种子在宇宙射线的冲击下,发生了变异,它们会不会带有放射性呀?”

太空种子与放射性物质无关

简单来说,空中的放射性物质就像灰尘一样,落在人员、地面、物体等表面,造成污染,这就是核沾染。

但是,经历过宇宙射线轰击的植物种子却不存在这样的问题,因为宇宙射线并不带有一丝半点能够造成核放射沾染的核物质,更不会传递给种子。

受到核沾染的食物表面有核物质附着

经过射线照射后的食物,当射线移除后,不会有核物质沾染

宇宙射线都是起源于极远空间中的超新星爆发、中子星脉冲、黑洞辐射等，与核辐射压根儿就不沾边。而且宇宙射线在太空中对植物种子的作用是瞬间完成的，种子虽然出现基因变异，却只是被射线“攻击、照射”过，而不会接触到任何放射性物质，更不可能带着放射性回到地面，因为宇宙射线根本没有办法携带任何原子核。

再说了，种子并不是裸露在太空中，而是被打包后装在卫星或者飞船里。

总之，太空种子、太空植物，全都与放射性核辐射没有半点儿关系。

宇航员在太空中不怕宇宙射线吗？

怕！当然怕！不过宇航员有宇航服保护着，宇航服的作用非常大，人类不穿宇航服就暴露在太空中，一定会死，而且会死得很快。因为太空环境十分恶劣，除了有宇宙射线外，还有超低温、高真空……这些都会威胁着宇航员的生命安全，所以宇航服的科技含量相当高，用的材料也非常特殊，当然造价也就非常高啦，制作一件宇航服大约要花费 2000 万人民币呢！

太空食品，我要安全的

好奇的人肯定会问，虽然没有核辐射，也不是转基因，那会不会还有其他没有发现的潜在问题呢！

太空种子

首先我们得搞明白是不是种子只要一上天就是太空种子、就能获得丰产？

那可不一定！那些只上过天，还没有经过筛选、培育的种子，是不能获得太空种子的称号的，因为有的种子变“好”了，有的变“坏”了 ，有的没有任何变化。也就是说种子在太空中不一定都能发生优良的变异，也不可能立刻就能稳定遗传。所以种子们在返回地面后，育种专家们还需要进行大量的工作。经过多代筛选、培育，这个过程一般需要 3 至 5 年才能完成。最后，经过鉴定后的种子才能称其为太空种子。

安全种子

自打种子返回地面那天起，在播种之前，科学家们就开始对它们进行全方位的检测化验、观察培育了，而且在之后长达四五年之久的繁育过程中反复检测，哪怕发现一点点“拿不准、说不清”的异常表现，都会立即剔除的，所以，经过各种考验的太空种子是当之无愧的“安全种子”了。

食品分级，傻傻分不清

尽管经过了层层筛选，过五关斩六将的太空种子们因为变异使它们的抗病性增强了，在种植的过程中可以减少农药的使用量，但也不是一定能种出安全食品，是否安全还要取决于后期的种植过程。

我们在超市里经常会看到蔬果上有一些标签，比如有机食品、绿色食品、无公害食品，这些食品分级怎么区分？哪个最安全？

哪个更好

有机食品：在生产加工过程中绝对禁止使用农药、化肥、激素等，同时土壤、空气、水都要达到国家环保二级标准以上。

绿色食品：允许使用一些常规农药、化肥和其他一些经过认可的

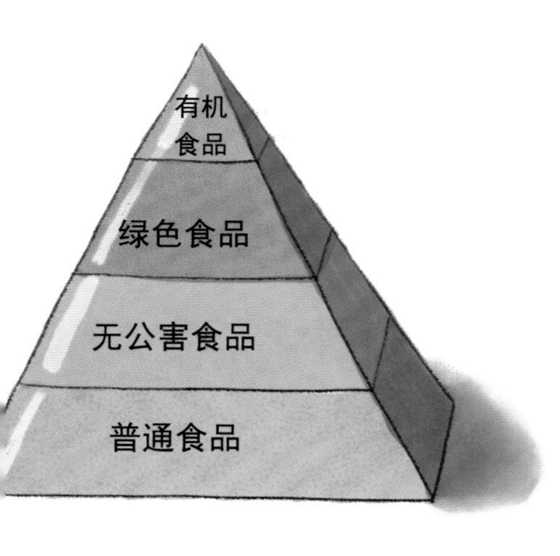

化学物质。

无公害食品：禁用高毒高残农药、推广使用低毒低残农药。在最后一次使用之后，要经过一段时间的安全间隔期，才能采摘上市。

所以，有机食品是最安全的，第二名是绿色食品，排名第三的是无公害食品。由于生产过程采用的方式不同，所以三种食品的产量也不同。

有机食品标识：有两种寓意，一是一只手向上持着一片绿叶，寓意人类对自然和生命的渴望；二是两只手一上一下握在一起，将绿叶拟人化为自然的手，寓意人类的生存离不开大自然的呵护，人与自然需要和谐美好的生存关系。

绿色食品标识：描绘了一幅明媚阳光照耀下的和谐生机，寓意绿色食品是出自纯净、良好生态环境的安全、无污染食品，能给人们带来蓬勃的生命力。

无公害食品标识：麦穗代表农产品，对勾表示合格，橙色寓意成熟和丰收，绿色象征环保和安全。

我们吃过太空蔬果吗

实际上，太空蔬果离我们的生活并不遥远，如今，有一些从太空回归的蔬果种子，经过育种专家们的辛苦培育和层层检测，这些蔬果已经来到了老百姓的餐桌上。

你可能吃过的蔬果

“航兴一号”是我国采用航天育种技术选育出的西瓜新品种。“航兴一号”以其稳产、优质、外形美观、皮薄、耐运的优点深受瓜农喜爱，在北京大兴地区已经推广种植。

此外，还有重达250克的番茄、香甜爽口的青椒、超级大南瓜、油菜等太空蔬果在市场上频频亮相。

植物大 PK

太空植物在品质、产量、抗病虫害等方面都比普通植物要强很多。

比身高

比体重

拼颜值

比营养

“中国号”太空作物家族

中国的育种专家们经过多年的培育，现在已经有了一大批成熟稳定的“中国号”太空作物家族。

太空粮食作物

太空水稻：已经形成多个稳定品种，普遍具有穗大粒饱、优质高产、生长期短、分蘖力强等特征，平均增产5%~10%，而且蛋白质含量、氨基酸含量都有大幅增长。

太空小麦：已经形成矮秆、丰产、早熟的稳定品系，产量比普通小麦高10%~15%。

太空玉米：每株能够结出6个左右的玉米棒，普通玉米一株才结两三个；而且味道比普通玉米好得多，还有多种颜色。

还有太空大豆、太空绿豆、太空豌豆、太空荞麦、太空高粱，个个都有“拿手绝活”，个个都是精彩亮相。

太空蔬菜水果

太空青椒：普遍高产优质，抗病性好，枝叶粗壮，果大肉厚，每个重量大于250克，产量大大增加，维生素C含量比普通品种增加20%。

太空黄瓜：藤壮瓜多，瓜体奇大，最大的重达1800克，长度达到52厘米。维生素C含量提高30%，铁含量提高40%，真正是产量大、营养高。虽然太空黄瓜的皮有点厚，但瓜肉却是汁多脆嫩、口感很好。

太空菜葫芦：长达75厘米，平均每个重4000克左右，最大的重达8000克，而且还富含可治疗糖尿病的苦瓜素。

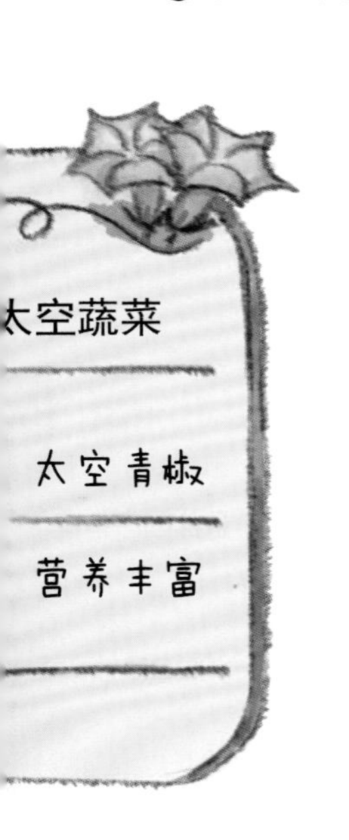

太空番茄：除了“番茄部落”单株能结上万个果实这样的“冠军纪录”外，其他太空番茄品种平均每个重量也在350克左右，最大的重达1100克，平均产量增加15%以上，有时可达23%以上。有一种太空樱桃番茄，它的含糖量与柑橘相当，高达13%，口感鲜甜，完全可以直接当水果吃啦。

此外，太空甜椒、太空茄子、太空西瓜、太空萝卜、太空大蒜、太空甘蓝……不但都是个头长得大、口感更好、营养更高，而且有的还能出现颜色上的精彩变异，比如培育出的五彩椒，看着都很有食欲。

而太空大蒜，一头能长到250克；普通萝卜的幼苗是害虫们的最爱，可现在的太空萝卜就是不打农药，虫子也不靠近它啦。

太空林木草灌

太空林木的品种也很多，目前有太空油松、白皮松、石刁柏、杨树、红豆杉、美国红栌等，只不过林木不同于粮食、花卉，其选育周期较长，目前还未能形成像其他太空植物那样的规模效益。

太空草类种子有紫花苜蓿、沙米、红豆草、匍匐冰草等，如能将其变异后出现的优秀特征，比如抗寒抗旱能力增强、蛋白质含量变高、存活期变长、可以一茬茬连续收割等优点都固定下来，就可以用来在铺设草坪、制作饲料、固沙阻尘等方面发挥重大作用。

太空经济作物

太空经济作物除了有太空棉花、太空烟草、太空芝麻等这些“大宗作物”外，还有另外一个同样已经兴旺发达、同样能够产生经济效益的“小家族”，那就是太空观赏花卉。

太空花卉不但品种繁多，而且普遍具有开花数量多、花色变异多、开花时间长等特点，其免疫能力、抗虫能力也都有显著增强。除了太空百合、金盏菊、一品红、太空孔雀草、万寿菊、瓜叶菊、金鱼草、醉蝶花等之外，还有鸡冠花、麦秆菊、麒麟菊、金鸡菊、荷兰菊、大滨菊、天竺葵、蜀葵、龙葵、荷花、大丽花、火把莲、百合、福禄考、萱草、矮牵牛、三色堇、石竹、千屈菜、羽扇豆……可谓应有尽有。

好一个林林总总、洋洋大观的太空作物家族！

独步全球的中国航天育种

我国的航天育种技术是全世界最强的，浩瀚的太空正在成为中国科学家培育农作物新品种的实验室和育种基地。

脚踏实地的航天育种

20 世纪五六十年代，美、苏两国多次发射返回式航天器并搭载了植物种子。但他们并未把这项技术应用于农业品种改良和培育，而是重点用在了为载人航天服务，探测空间环境的安全性，解决人类在太空环境中的食物供应、氧气来源及生存环境安全等问题。他们在航天育种方面，只是浅尝辄止，小试牛刀。

中国的航天科技不但关注地球安全、人类发展，而且早都已经在解决人类生存、地球危机等方面持之以恒地付出努力，更是在脚踏实地地解决我国人口众多、耕地偏少、粮食短缺等现实问题。

中国航天育种发展 30 年，成果早已遍及全国各地。

留给后来者的问题

虽然我们在航天育种方面取得了许多成就，但是却出现了更多的新问题：

在上天之前都是统一筛选出来的种子，为何在同样一个航天器中、在同样的时间段里经历了同样的太空环境，有的种子会发生良性变异，有的则恰恰相反，出现了非良性变异，而有的却完全“没有反应”，这里面究竟有什么“玄机”？

当这些种子返回地面进入选育阶段后，为何有的能够将变异性状遗传给后代，有的却“昙花一现”，进而“功力尽失”？

来自同一块土地甚至取自同一棵植株的同一批种子，其内部构成应该非常相似，否则就不能称它们为同一批种子，但为何从太空返回之后却产生了如此之大的差异？

……

直到现在，依然有很多问题期待着后来者，尤其是青少年朋友们将来投身科学研究，解开其中的奥秘！

早日搞清其内在变化的根本原因、掌握其诱变规律，就是真正掌握了航天育种的“终极主动权”，那时我们就不只是在种子的诱变过程中当“观众”，而是升格为“编剧”和“导演”了。

写给青少年朋友的话

自从1957年世界上第一颗人造地球卫星升空以来，航天技术得到了突飞猛进的发展，科学家们在太空铸就了一系列的辉煌业绩，经常给人们以惊喜。各种关于航天的报道层出不穷，细心的读者几乎每天都可以从新闻媒体上浏览到有关航天的动态。人们收看电视节目，进行通信联系，获得气象信息等，无一不与航空、航天科技密切相关，所以说，航天事业联系着你、我、他。

我国的航天育种事业与民生关系密切，在过去的30年里，我们从未间断地进行了无数次的实验，并取得了非凡的成就，但是，人们对于航天育种事业的了解却少之又少，直到近些年航天育种才渐渐进入人们的视野，《航天育种简史》的出版更是为大多数读者了解航天育种事业打开了一扇窗。

作为《航天育种简史》的延伸版——《种子的奇幻之旅》是一次尝试，这是在更小的读者群里播撒下了航天育种的神奇种子，让小读者们跟随着种子一起游历，通过种子的选拔、太空历险、“太空实验室”里的诱变、回到地面的选育、鉴定等环节，不仅了解了相关的宇宙、航天知识，也对我国的航天育种和农业现状有了了解，这种寓教于乐的科普教育方式，也为我们的航天育种事业播撒下了希望的种子。

青少年是祖国的未来，希望通过这本书能够让他们走进航天、走近航天育种，更希望通过本书让航天梦的种子在他们的心中生根发芽，破土而出。

也期待更多的人关注航天！关注航天育种！